住房和城乡建设部标准定额研究所　　　　建设工程造价技术资料

市政工程消耗量

ZYA 1-31-2021

第十册　拆除工程

SHIZHENG GONGCHENG XIAOHAOLIANG
DI-SHI CE CHAICHU GONGCHENG

中国计划出版社
北　京

图书在版编目（ＣＩＰ）数据

市政工程消耗量 : ZYA1-31-2021. 第十册, 拆除工程 / 住房和城乡建设部标准定额研究所组织编制. -- 北京 : 中国计划出版社, 2022.2
ISBN 978-7-5182-1360-3

Ⅰ. ①市… Ⅱ. ①住… Ⅲ. ①市政工程－消耗定额－中国②建筑工程－拆除－消耗定额－中国 Ⅳ. ①TU723.34②TU746.5

中国版本图书馆CIP数据核字(2021)第219198号

责任编辑：陈　飞　　封面设计：韩可斌
责任校对：杨奇志　谭佳艺　　责任印制：李　晨　赵文斌

中国计划出版社出版发行
网址：www.jhpress.com
地址：北京市西城区木樨地北里甲11号国宏大厦C座3层
邮政编码：100038　电话：(010)63906433(发行部)
北京市科星印刷有限责任公司印刷

880mm×1230mm　1/16　1.75印张　44千字
2022年2月第1版　2022年2月第1次印刷

定价：15.00元

前　言

工程造价是工程建设管理的重要内容。以人工、材料、机械消耗量分析为基础进行工程计价，是确定和控制工程造价的重要手段之一，也是基于成本的通用计价方法。长期以来，我国建立了以施工阶段为重点，涵盖房屋建筑、市政工程、轨道交通工程等各个专业的计价体系，为确定和控制工程造价、提高我国工程建设的投资效益发挥了重要作用。

随着我国工程建设技术的发展，新的工程技术、工艺、材料和设备不断涌现和应用，落后的工艺、材料、设备和施工组织方式不断被淘汰，工程建设中的人材机消耗量也随之发生变化。2020 年我部办公厅发布《工程造价改革工作方案》（建办标〔2020〕38 号），要求加快转变政府职能，优化概算定额、估算指标编制发布和动态管理，取消最高投标限价按定额计价的规定，逐步停止发布预算定额。为做好改革期间的过渡衔接，在住房和城乡建设部标准定额司的指导下，我所根据工程造价改革的精神，协调 2015 年版《房屋建筑与装饰工程消耗量定额》《市政工程消耗量定额》《通用安装工程消耗量定额》的部分主编单位、参编单位以及全国有关造价管理机构和专家，按照简明适用、动态调整的原则，对上述专业的消耗量定额进行了修订，形成了新的《房屋建筑与装饰工程消耗量》《市政工程消耗量》《通用安装工程消耗量》，由我所以技术资料形式印刷出版，供社会参考使用。

本次经过修订的各专业消耗量，是完成一定计量单位的分部分项工程人工、材料和机械用量，是一段时间内工程建设生产效率社会平均水平的反映。因每个工程项目情况不同，其设计方案、施工队伍、实际的市场信息、招投标竞争程度等内外条件各不相同，工程造价应当在本地区、企业实际人材机消耗量和市场价格的基础上，结合竞争规则、竞争激烈程度等参考选用与合理调整，不应机械地套用。使用本书消耗量造成的任何造价偏差由当事人自行负责。

本次修订中，各主编单位、参编单位、编制人员和审查人员付出了大量心血，在此一并表示感谢。由于水平所限，本书难免有所疏漏，执行中遇到的问题和反馈意见请及时联系主编单位。

住房和城乡建设部标准定额研究所

2021 年 11 月

总 说 明

一、《市政工程消耗量》（以下简称本消耗量），共分十一册，包括：

第一册　土石方工程

第二册　道路工程

第三册　桥涵工程

第四册　隧道工程

第五册　市政管网工程

第六册　水处理工程

第七册　生活垃圾处理工程

第八册　路灯工程

第九册　钢筋工程

第十册　拆除工程

第十一册　措施项目

二、本消耗量适用于城镇范围内的新建、扩建和改建市政工程。

三、本消耗量以国家和有关部门发布的国家现行设计规范、施工验收规范、技术操作规程、质量评定标准、产品标准和安全操作规程，现行工程量清单计价规范、计算规范和有关指标为依据编制，并参考了有关地区和行业标准、指标，以及典型工程设计、施工和其他资料。

四、本消耗量按正常施工工期和施工条件，考虑企业常规的施工工艺，合理的施工组织设计进行编制。

1. 设备、材料、成品、半成品、构配件完整无损，符合质量标准和设计要求，附有合格证书和试验记录。

2. 正常的气候、地理条件和施工环境。

五、本消耗量未包括的项目，可按其他相应工程消耗量计算，如仍有缺项的，应编制补充消耗量。

六、关于人工：

1. 本消耗量中的人工以合计工日表示，并分别列出普工、一般技工和高级技工的工日用量。

2. 本消耗量中的人工包括基本用工、超运距用工、辅助用工和人工幅度差。

3. 本消耗量中的人工每工日按 8 小时工作制计算。

4. 机械土石方、桩基础、构件运输及安装等工程，人工随机械产量计算的，人工幅度差按机械幅度差计算。

七、关于材料：

1. 本消耗量中的材料（包括构配件、零件、半成品、成品）均为符合国家质量标准和相应设计要求的合格产品。

2. 本消耗量中的材料包括施工中消耗的主要材料、辅助材料、周转材料和其他材料。

3. 本消耗量中的材料用量包括净用量和损耗量。损耗量包括：从工地仓库、现场集中堆放地点（或现场加工地点）至操作（或安装）地点的施工场内运输损耗、施工操作损耗、施工现场堆放损耗等，规范（设计文件）规定的预留量、搭接量不在损耗率中考虑。

4. 本消耗量中的混凝土、沥青混凝土、砌筑砂浆、抹灰砂浆及各种胶泥等均按半成品用量以体积（m^3）表示，混凝土按运至施工现场的预拌混凝土编制，砂浆按预拌砂浆编制，消耗量中的混凝土均按自然养护考虑。

5. 本消耗量中所使用的混凝土均按预拌混凝土编制，若实际采用现场搅拌混凝土浇捣时，人工、材料、机械具体调整如下：

（1）合计工日增加 4.125 工日 /10m^3，其中普工增加 1.237 工日 /10m^3，一般技工增加 2.888 工日 /10m^3。

（2）水增加 0.38m^3/10m^3。

（3）双锥反转出料混凝土搅拌机（500L）增加 0.3 台班 /10m^3。

6. 本消耗量中所使用的砂浆均按干混预拌砂浆编制，若实际使用现拌砂浆或湿拌预拌砂浆时，按以下方法调整：

（1）使用现拌砂浆的，除将干混预拌砂浆调换为现拌砂浆外，砌筑项目按每立方米砂浆增加：一般技工 0.382 工日、200L 灰浆搅拌机 0.167 台班，同时，扣除原干混砂浆罐式搅拌机台班；其余项目按每立方米砂浆增加一般技工 0.382 工日，同时，将原干混砂浆罐式搅拌机调换为 200L 灰浆搅拌机，台班含量不变。

（2）使用湿拌预拌砂浆的，除将干混预拌砂浆调换为湿拌预拌砂浆外，另按相应项目中每立方米砂浆扣除人工 0.20 工日，并扣除干混砂浆罐式搅拌机台班数量。

7. 本消耗量中的周转性材料按不同施工方法，不同类别、材质，计算出一次摊销量进入消耗量。

8. 本消耗量中的用量少、低值易耗的零星材料，列为其他材料。

八、关于机械：

1. 本消耗量中的机械按常用机械、合理机械配备和施工企业的机械化装备程度，并结合工程实际综合确定。

2. 本消耗量的机械台班用量是按正常机械施工工效并考虑机械幅度差综合取定的。

3. 凡单位价值 2 000 元以内、使用年限在一年以内的不构成固定资产的施工机械，不列入机械台班消耗量，作为工具用具在建筑安装工程费中的企业管理费考虑，其消耗的燃料动力等列入材料。

九、本消耗量中的工作内容已说明了主要的施工工序，次要工序虽未说明，但已包括在内。

十、施工与生产同时进行、在有害身体健康的环境中施工时的降效增加费，本消耗量未考虑，发生时另行计算。

十一、本消耗量适用于海拔 2 000m 以下地区，超过上述情况时，可以采用由各地区、部门结合高原地区的特殊情况自行制定的调整办法。

十二、本消耗量中注有“× × 以内”或“× × 以下”及“小于”者，均包括 × × 本身；注有“× × 以外”或“× × 以上”及“大于”者，则不包括 × × 本身。

说明中未注明（或省略）尺寸单位的宽度、厚度、断面等，均以“mm”为单位。

十三、凡本说明未尽事宜，详见各册、各章说明和附录。

册 说 明

一、第十册《拆除工程》(以下简称本册)包括拆除旧路、拆除人行道、拆除侧缘石、拆除混凝土管道、拆除金属管道、拆除塑料管道、拆除砖砌构筑物、拆除混凝土障碍物、路面凿毛、路面铣刨机铣刨沥青路面以及液压岩石破碎锤破碎混凝土及钢筋混凝土等项目。

二、本册编制依据:

1.《市政工程工程量计算规范》GB 50857—2013;

2.《市政工程消耗量定额》ZYA 1-31-2015;

3.《房屋建筑与装饰工程消耗量定额》TY 01-31-2015;

4.《建设工程劳动定额—市政工程—拆除与临时工程》LD/T 99.1—2008;

5. 相关省、市、行业现行的市政预算定额及基础资料。

三、本册说明未尽事宜,详见各章节说明。

目　　录

拆除工程

拆 除 工 程

说　　明

一、本册拆除未包括挖土石方，挖土石方执行第一册《土石方工程》相应项目。

二、本册小型机械拆除项目中包括人工配合作业。

三、拆除人行道和拆除侧缘石项目未包括拆除基础及垫层，发生时，执行本册相应项目。

四、液压岩石破碎锤破碎后的废料，其清理费用另行计算；人工及小型机械拆除后的旧料应整理干净就近堆放整齐。如需运至指定地点回收利用或弃置，则另行计算运费和回收价值。

五、管道拆除项目：

1. 拆除管道要求拆除后的旧管保持基本完好，破坏性拆除不得套用本消耗量。

2. 拆除管道未包括拆除基础及垫层用工，基础及垫层拆除按本册相应项目执行。

3. 拆除金属管道，焊接钢管拆除的氧气、乙炔气费用另计。若为法兰接口，则人工乘以系数 1.30。

六、拆除砖砌构筑物项目中：

1. 拆除井深在 4m 以上的检查井时，人工乘以系数 1.31。

2. 拆除石砌检查井时，人工乘以系数 1.10。

3. 拆除石砌构筑物时，人工乘以系数 1.17。

七、本册中未考虑地下水因素，若发生则另行计算。

八、人工拆除石灰土、二碴、三碴、二灰结石基层应根据材料组成情况执行拆除无骨料多合土基层或拆除有骨料多合土基层项目。小型机械拆除石灰土执行小型机械拆除无筋混凝土面层项目乘以系数 0.70，小型机械拆除二碴、三碴、二灰结石等其余半刚性基层执行小型机械拆除无筋混凝土面层项目乘以系数 0.80。

九、大型机械拆除道路面层、基层、底层按液压岩石破碎锤破碎混凝土及钢筋混凝土项目执行。

十、液压岩石破碎锤破碎混凝土及钢筋混凝土构筑物项目中：

1. 液压岩石破碎锤破碎坑、槽混凝土及钢筋混凝土构筑物按破碎混凝土及钢筋混凝土构筑物项目乘以系数 1.30。

2. 液压岩石破碎锤破碎道路混凝土及钢筋混凝土路面按破碎混凝土及钢筋混凝土构筑物项目乘以系数 0.40。

3. 液压岩石破碎锤破碎道路的沥青混凝土面层、半刚性材料按破碎混凝土构筑物项目乘以系数 0.30。

十一、沥青混凝土路面切边执行第二册《道路工程》锯缝机锯缝项目。

十二、本册未包括植物的拆除和移植，发生时，执行《园林绿化工程消耗量定额》ZYA 2-31-2018 相应项目。

工程量计算规则

一、拆除旧路及人行道按面积计算。

二、拆除侧缘石及各类管道按长度计算。

三、拆除构筑物及障碍物按体积计算。

四、路面凿毛、路面铣刨按设计图纸或施工组织设计以面积计算。铣刨路面厚度大于 5cm 时需分层铣刨。

一、拆 除 旧 路

1. 拆除沥青柏油类路面层

工作内容：拆除、清底、场内运输、旧料清理成堆。 **计量单位：**$100m^2$

编 号			10-1-1	10-1-2
项 目			小型机械拆除	
			厚 10cm 以内	每增 1cm
名 称		单位	消 耗 量	
人工	合计工日	工日	5.290	0.452
	普工	工日	5.290	0.452
材料	合金钢钻头（一字型）	个	0.200	0.020
	六角空心钢（综合）	kg	0.320	0.030
	高压风管 ϕ25-6P-20m	m	0.040	—
机械	电动空气压缩机 $3m^3/min$	台班	0.650	0.070
	手持式风动凿岩机	台班	1.300	0.130

2. 小型机械拆除混凝土类路面层

工作内容：拆除、清底、场内运输、废渣清理成堆。 **计量单位：**$100m^2$

编 号			10-1-3	10-1-4	10-1-5	10-1-6
项 目			无筋		有筋	
			厚 15cm 以内	每增 1cm	厚 15cm 以内	每增 1cm
名 称		单位	消 耗 量			
人工	合计工日	工日	9.246	0.617	14.372	0.708
	普工	工日	9.246	0.617	14.372	0.708
材料	合金钢钻头（一字型）	个	0.300	0.030	0.450	0.050
	六角空心钢（综合）	kg	0.470	0.050	0.680	0.070
	高压风管 ϕ25-6P-20m	m	0.050	—	0.080	0.010
机械	电动空气压缩机 $3m^3/min$	台班	1.530	0.100	2.410	0.120
	手持式风动凿岩机	台班	3.060	0.200	4.820	0.240

3. 人工拆除基层或面层

工作内容：拆除、清底、场内运输、废渣清理成堆。　　**计量单位**：$100m^2$

编号			10-1-7	10-1-8	10-1-9	10-1-10
项目			碎(砾)石		碎砖	
			厚15cm以内	每增5cm	厚15cm以内	每增5cm
名称		单位	消耗量			
人工	合计工日	工日	7.629	2.841	9.734	3.250
	普工	工日	7.629	2.841	9.734	3.250

工作内容：拆除、清底、场内运输、废渣清理成堆。　　**计量单位**：$100m^2$

编号			10-1-11	10-1-12	10-1-13	10-1-14
项目			矿(炉)渣、砂砾		毛(块)石	
			厚15cm以内	每增5cm	厚20cm以内	每增5cm
名称		单位	消耗量			
人工	合计工日	工日	12.224	3.939	12.500	3.125
	普工	工日	12.224	3.939	12.500	3.125

工作内容：拆除、清底、场内运输、废渣清理成堆。　　**计量单位**：$100m^2$

编号			10-1-15	10-1-16	10-1-17	10-1-18
项目			条方石		钢渣	
			厚15cm以内	每增5cm	厚20cm以内	每增5cm
名称		单位	消耗量			
人工	合计工日	工日	18.792	6.267	22.042	5.515
	普工	工日	18.792	6.267	22.042	5.515

工作内容：拆除、清底、场内运输、道渣清理成堆。　　**计量单位**：$100m^2$

编号			10-1-19	10-1-20	10-1-21	10-1-22
项目			无骨料多合土		有骨料多合土	
			厚10cm以内	每增5cm	厚10cm以内	每增5cm
名称		单位	消耗量			
人工	合计工日	工日	6.509	3.259	7.386	3.693
	普工	工日	6.509	3.259	7.386	3.693

二、拆除人行道

工作内容：拆除、清底、场内运输、旧料清理成堆。　　**计量单位**：$100m^2$

编号			10-1-23	10-1-24	10-1-25
项目			混凝土预制板	现浇混凝土面层	
				厚 10cm 以内	每增 1cm
名称		单位	消耗量		
人工	合计工日	工日	2.133	11.623	1.162
	普工	工日	2.133	11.623	1.162
材料	合金钢钻头（一字型）	个	—	0.200	0.020
	六角空心钢（综合）	kg	—	0.320	0.030
	高压风管 ϕ25-6P-20m	m	—	0.040	—
机械	电动空气压缩机 $3m^3/min$	台班	—	0.480	0.050
	手持式风动凿岩机	台班	—	0.950	0.100

工作内容：拆除、清底、场内运输、旧料清理成堆。　　**计量单位**：$100m^2$

编号			10-1-26	10-1-27	10-1-28	10-1-29
项目			普通黏土砖			石质人行道板
			平铺	侧铺	立铺	
名称		单位	消耗量			
人工	合计工日	工日	2.133	3.598	7.096	2.662
	普工	工日	2.133	3.598	7.096	2.662

三、拆除侧缘石

工作内容：刨出、刮净、场内运输、旧料清理成堆。

计量单位：100m

编号			10-1-30	10-1-31	10-1-32	10-1-33
项目			侧石			
			混凝土	石质	1/2 砖	一砖
名称		单位	消耗量			
人工	合计工日	工日	3.296	4.305	0.881	1.526
	普工	工日	3.296	4.305	0.881	1.526

计量单位：100m

编号			10-1-34	10-1-35	10-1-36
项目			缘石		混凝土侧缘石（L形）
			混凝土	石质	
名称		单位	消耗量		
人工	合计工日	工日	2.197	2.907	3.306
	普工	工日	2.197	2.907	3.306

四、拆除混凝土管道

工作内容：平整场地、清理工作坑、剔口、吊管、清理管腔污泥、旧料就近堆放。　　**计量单位：**100m

编号			10-1-37	10-1-38	10-1-39
项目			管径（mm 以内）		
			ϕ300	ϕ450	ϕ600
名称		单位	消耗量		
人工	合计工日	工日	17.502	23.645	10.045
	普工	工日	17.502	23.645	10.045
机械	汽车式起重机 8t	台班	—	—	3.470

工作内容：平整场地、清理工作坑、剔口、吊管、清理管腔污泥、旧料就近堆放。　　**计量单位：**100m

编号			10-1-40	10-1-41	10-1-42
项目			管径（mm 以内）		
			ϕ1 000	ϕ1 500	ϕ2 000
名称		单位	消耗量		
人工	合计工日	工日	14.424	18.932	25.049
	普工	工日	14.424	18.932	25.049
机械	汽车式起重机 8t	台班	5.000	—	—
	汽车式起重机 12t	台班	—	6.570	—
	汽车式起重机 16t	台班	—	—	8.150

五、拆除金属管道

工作内容：平整场地、清理工作坑、安拆导链、剔口、吊管、清理管腔污泥、旧料就近堆放。

计量单位：100m

编号			10-1-43	10-1-44	10-1-45
项目			人工拆除管径（mm 以内）		
			ϕ200	ϕ400	ϕ600
名称		单位	消耗量		
人工	合计工日	工日	9.780	23.472	53.257
	普工	工日	9.780	23.472	53.257
材料	原木	m^3	0.217	0.184	0.184
	工字钢（综合）	t	0.053	0.046	0.046
	镀锌铁丝 ϕ4.0	kg	3.090	3.090	3.090

工作内容：平整场地、清理工作坑、安拆导链、剔口、吊管、清理管腔污泥、旧料就近堆放。

计量单位：100m

编号			10-1-46	10-1-47	10-1-48
项目			机械拆除管径（mm 以内）		
			ϕ300	ϕ500	ϕ800
名称		单位	消耗量		
人工	合计工日	工日	6.094	11.833	21.783
	普工	工日	6.094	11.833	21.783
机械	汽车式起重机 12t	台班	0.690	1.110	—
	汽车式起重机 16t	台班	—	—	1.850

工作内容：平整场地、清理工作坑、安拆导链、剔口、吊管、清理管腔污泥、旧料就近堆放。

计量单位：100m

编号			10-1-49	10-1-50
项目			机械拆除管径（mm 以内）	
			ϕ1 000	ϕ2 000
名称		单位	消耗量	
人工	合计工日	工日	39.200	47.655
	普工	工日	39.200	47.655
机械	汽车式起重机 16t	台班	2.220	2.470

六、拆除塑料管道

工作内容：平整场地、清理工作坑、安拆导链、剔口、吊管、清理管腔污泥、旧料就近堆放。

计量单位：100m

编号			10-1-51	10-1-52	10-1-53
项目			人工拆除管径（mm 以内）		
			ϕ200	ϕ400	ϕ600
名称		单位	消耗量		
人工	合计工日	工日	0.683	1.639	3.719
	普工	工日	0.683	1.639	3.719

工作内容：平整场地、清理工作坑、安拆导链、剔口、吊管、清理管腔污泥、旧料就近堆放。

计量单位：100m

编号			10-1-54	10-1-55	10-1-56	10-1-57	10-1-58
项目			机械拆除管径（mm 以内）				
			ϕ300	ϕ500	ϕ800	ϕ1 000	ϕ2 000
名称		单位	消耗量				
人工	合计工日	工日	0.426	0.827	1.522	2.739	3.336
	普工	工日	0.426	0.827	1.522	2.739	3.336
机械	汽车式起重机 8t	台班	0.230	0.370	0.500	0.760	—
	汽车式起重机 16t	台班	—	—	—	—	2.200

七、拆除砖砌构筑物

工作内容：1. 检查井：拆除井体、管口，旧料清理成堆。

2. 构筑物：拆除、旧料清理成堆。

计量单位：$10m^3$

编号			10-1-59	10-1-60	10-1-61
项目			砖砌检查井		砖砌其他构筑物
			深 3m 以内	深 4m 以内	
名称		单位	消耗量		
人工	合计工日	工日	11.618	14.664	8.802
	普工	工日	11.618	14.664	8.802

八、拆除混凝土障碍物

工作内容：拆除、场内运输、旧料堆放整齐。 **计量单位：**$10m^3$

编号			10-1-62	10-1-63
项目			小型机械拆除	
			无筋	有筋
名称		单位	消耗量	
人工	合计工日	工日	14.364	21.358
	普工	工日	14.364	21.358
材料	合金钢钻头(一字型)	个	0.200	0.300
	六角空心钢(综合)	kg	0.320	0.470
	高压风管 ϕ25-6P-20m	m	0.040	0.060
机械	电动空气压缩机 $3m^3/min$	台班	2.900	4.310
	手持式风动凿岩机	台班	5.780	8.600

九、路面凿毛

工作内容：凿毛、清扫废渣。 **计量单位：**$100m^2$

编号			10-1-64	10-1-65	10-1-66	10-1-67
项目			沥青混凝土		水泥混凝土	
			人工	小型机械	人工	小型机械
名称		单位	消耗量			
人工	合计工日	工日	3.818	1.871	7.121	3.465
	普工	工日	3.818	1.871	7.121	3.465
材料	合金钢钻头(一字型)	个	—	0.030	—	0.050
	六角空心钢(综合)	kg	—	0.050	—	0.070
	高压风管 ϕ25-6P-20m	m	—	0.010	—	0.010
机械	电动空气压缩机 $0.6m^3/min$	台班	—	1.090	—	1.190
	手持式风动凿岩机	台班	—	1.090	—	1.190

十、路面铣刨机铣刨沥青路面

工作内容：铣刨沥青路面、清扫废渣。 **计量单位：**1 000m²

编号			10-1-68	10-1-69
项目			铣刨机铣刨路面厚度（1 ~ 5cm）	
			路面铣刨机 500mm	路面铣刨机 1 000mm
名称		单位	消耗量	
人工	合计工日	工日	16.667	4.536
	普工	工日	16.667	4.536
材料	铣刨鼓边刀	把	12.290	16.800
机械	路面铣刨机 500mm	台班	1.831	—
	路面铣刨机 1 000mm	台班	—	0.879

十一、液压岩石破碎锤破碎混凝土及钢筋混凝土

工作内容：装、拆液压锤，破碎混凝土构筑物，机械移动。 **计量单位：**1 000m³

编号			10-1-70	10-1-71
项目			混凝土构筑物	钢筋混凝土构筑物
名称		单位	消耗量	
人工	合计工日	工日	31.400	46.400
	普工	工日	31.400	46.400
机械	履带式单斗液压挖掘机 1m³	台班	26.663	39.401
	液压锤 HM960	台班	26.663	39.401

主编单位：湖北省建设工程标准定额管理总站

专业主编单位：贵州省建设工程造价管理总站

参编单位：贵州省建筑设计研究院有限责任公司

上海浦东建筑设计研究院有限公司贵州分公司

计价依据编制审查委员会综合协商组：胡传海　王海宏　吴佐民　王中和　董士波　冯志祥　褚得成　刘中强　龚桂林　薛长立　杨廷珍　汪亚峰　蒋玉翠　汪一江

计价依据编制审查委员会专业咨询组：杨廷珍　汪一江　潘卓强　杜浐阳　庞宗琨　王　梅　高雄映

编制人员：袁　欣　马　媛　涂志强　曾奕辉　于红健　罗彭欣　龚　宪　邹　旭　李利峰　何崇宇

审查专家：龚桂林　汪亚峰　王兆健　孙　璐　徐佩莹　熊淑芳　徐作民

软件支持单位：成都鹏业软件股份有限公司

软件操作人员：杜　彬　赖勇军　可　伟　孟　涛